Las cuatro estaciones del año

Las cuatro estaciones del año

¿Alguna vez te has preguntado por qué algunos días son calurosos y otros son fríos? La razón por la cual cambian las condiciones del tiempo es porque la Tierra tiene cuatro estaciones.

Aunque no lo sentimos, la Tierra siempre está en movimiento. Gira inclinada sobre su propio eje mientras que viaja alrededor del sol.

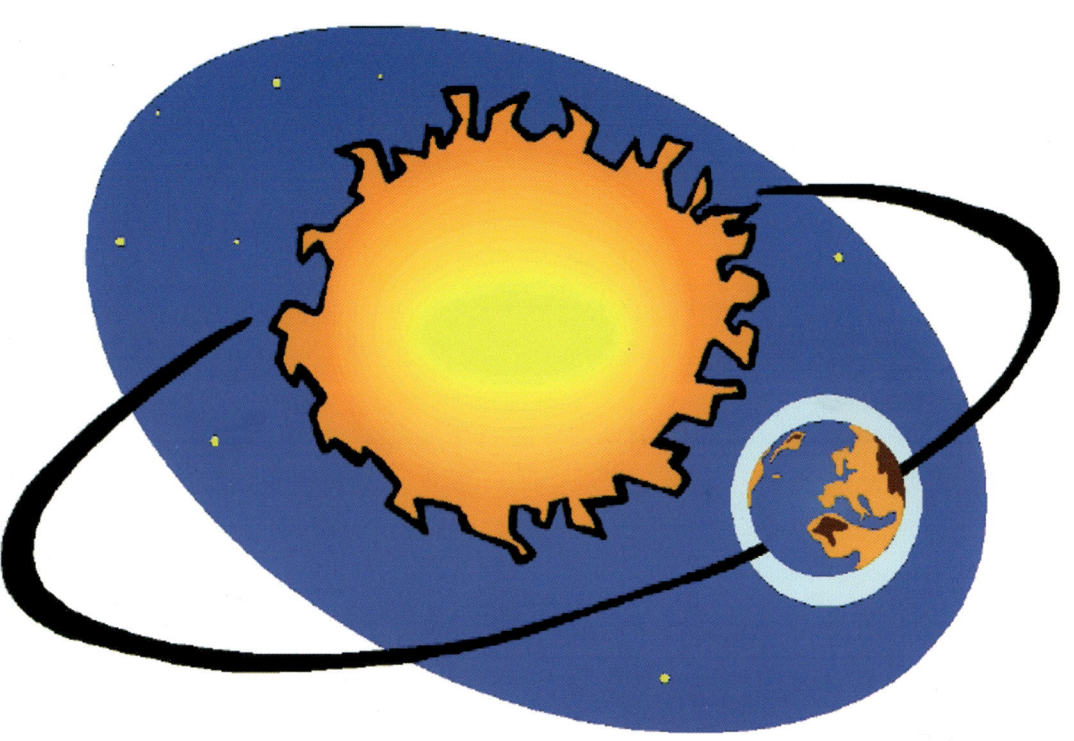

La inclinación y el movimiento constante de la Tierra dan lugar a las cuatro estaciones del año: invierno, primavera, verano, y otoño.

La Tierra está dividida en dos partes:
el hemisferio norte y el hemisferio sur.

Existe además una línea imaginaria que los
separa. Se le conoce como ecuador y divide
la Tierra en dos mitades.

Cuando el hemisferio norte se inclina hacia el sol, esa parte de la Tierra recibe más calor y por lo tanto es verano. Mientras que en el hemisferio sur hace frío y es invierno.

Otras veces, el hemisferio sur se inclina hacia el sol. Por lo tanto, en este hemisferio es verano y en el hemisferio norte es invierno.

¿Sabías que en diciembre es...

...invierno en Canadá...

...y verano en Australia?

Invierno

Durante el invierno, las temperaturas son más frías que en cualquier otra estación. El día es más corto que la noche. En algunos lugares del mundo, el invierno llega acompañado por lluvia congelada o nieve. Los árboles pierden sus hojas y el pasto cambia de verde a café.

Algunos animales, como las mariposas
y las golondrinas, migran a lugares
con temperaturas más cálidas.

Otros, como los osos y las marmotas, prefieren
hibernar. Hibernar significa que ellos descansan
o duermen durante la temporada invernal.

Primavera

Durante la primavera, la
temperatura comienza a subir.
Los días empiezan a ser más
largos y las noches más cortas.

El calor derrite el hielo de las
montañas. Estas aguas viajan
hacia los ríos, lagos y océanos.

En la primavera las plantas y los árboles se cubren de hojas otra vez. El pasto reverdece y las flores renacen.

Los animales que estaban hibernando salen de sus cuevas en busca de comida.

Verano

El verano es la estación más calurosa. Los días son más largos y las noches son cortas.

El verano es la estación en la que más crecen las plantas.

Hay muchos insectos que van zumbando de flor en flor. De noche puedes ver luciérnagas...

...o puedes escuchar grillos frotando sus patitas haciendo mucho ruido.

Otoño

El otoño es la estación en que la temperatura comienza a refrescar. Los días se empiezan a hacer más cortos y las noches más largas.

Las hojas de los árboles cambian a rojo, anaranjado, amarillo y café. Pronto las hojas se caen y cuando caminas sobre ellas puedes escuchar como crujen debajo de tus zapatos.

Durante el otoño, los granjeros comienzan las cosechas de algunas frutas.

Las manzanas, uvas y calabazas son típicas de esta estación.

No importa cuál sea tu estación favorita,
siempre encontrarás algo divertido que hacer.

En el invierno puedes
jugar en la nieve.

En la primavera puedes
recoger flores.

En el verano puedes
nadar en una piscina.

En el otoño puedes jugar
con las hojas caídas.

Todas las estaciones son muy especiales.
¿Cuál te gusta a ti?

Glosario

cosechar: juntar o recolectar frutos de un cultivo.

ecuador: línea imaginaria que pasa por el centro de la Tierra y la divide en dos hemisferios.

hemisferio norte: la mitad de la Tierra que está al norte de la línea del ecuador.

hemisferio sur: la mitad de la Tierra que está al sur de la línea del ecuador.

hibernar: cuando un animal entra en un sueño profundo durante el invierno. Esto es con el fin de escapar de las bajas temperaturas y la escasez de comida.

migrar: cuando un ser se desplaza a otra región en busca de mejores condiciones.